講談社文庫

猫のハローワーク２

新美敬子

JN043118

講談社

『猫のハローワーク2』

どんな仕事内容なのか、またまた
働く猫たちにインタビューしました

いっしょに見れば
あなたの猫の勤労意欲をかきたてます
……こんな仕事をしてみたいな
……これなら、ぼくにもできそう
……わたしなら、もっと工夫して働けそう
猫の可能性とチャレンジ精神は無限大！

調理師（午後の休憩時間）
イタリア／ヴェネツィア ▶ ランポーネ[♂]7歳

職人・土木系

店員・勤め系

芸術・研究者系

観光・旅人系

見守り・警備系

職人・土木

系

遊んでいるだけ、ではありません。
ちゃんと世間の役に立っている猫たち。
点検したり、運んだり、なんでもできる彼らには、
彼らなりの知恵と工夫がありました。

ペンキ職人

　この島の人たちにとって、古くから、船を持つことがステイタスです。地中海の真ん中にある小さな島の入江だから、風のない穏やかな日には、櫓を漕いでのんびりと海上散歩をするのが男の嗜みだって、おじいさんが話していました。

　船はメンテナンスを怠ってはいけません。マルタの主要産業の一つが、船舶ドックっていうくらいだから、わたしたちペンキ職人も誇りを持って仕事をしているのです。

　せっかく上手にペンキを塗ったのに、ところどころ梅鉢模様に剝がれているじゃないですか!?　まるで、誰かが歩いたみたいですよ。いったい犯人は、どこのどなたなんでしょっ！


マルタ／ヴァレッタ▼スカーレット［♀］7歳

▼猫車スタッフ

金属だと何しろ重くて、お年寄りにはコントロールしづらいのですよ。海風にあたるから、大切にしていてもさびが浮いてしまうし。この家のプチ・リフォームをしたときに、大工の棟梁が、操作しやすい猫車を作ってくれました。

島は、坂道ばかりですからね、資材を運ぶのに、この猫車は大活躍。一輪車が「猫車」って呼び名だって、知らなかった。棟梁がたびたび「おい、猫持ってこい！」って、若い衆に言っているのを聞いて、ぼくたちの手を借りたいのかな、って思ったんです。いまはもう、大工さんはいないけど、いつでも協力するからねって気持ちで、スタンバイしているのですよ。

日本／宮城県田代島▼ブゥ&フゥ&ウゥ［♂♂♂］1歳

▼照明技術者

南北に長いベトナムという国のだいたい真ん中くらいにある古都で暮らしています。海辺の町です。そうそう、「日本橋」っていう橋が町のランドマークなのですが、山田長政って、知ってています？　その人が、約４００年前にこの町を作ったって聞きました。とてもきれいな町なので、気に入っています。

仕事は、町をライトアップすること。日本橋に夜間照明を当ててる仕事を依頼されたんだけど、やり甲斐がありますね。ただライトを当てればいいってもんじゃない。わたしはいつも自分の毛並みと柄の感じに調整することを意識しています。ふわっと、対象物が浮かび上がるライティングを心がけているんですよ。

ベトナム／ホイアン▼エンサーン［♂］４歳

▼白樺愛好家

うちの敷地内に幹の白い樹がありましてね。子猫のときから登っているから、友だちのようなものです。

この樹は不思議で、毎日、白さが違うように見える。気温や湿度の関係もあるのかな？　光の加減かもしれませんが、自然なオフホワイトに見えることもあれば、ペンキを塗ったの？って感じることもある。登って観察しているのだけれど、近くで見ると余計わからなくなるってことも学びました。

白樺について調べてみたら、必ずしも白い幹になるわけではない、って学術書に書いてありました。ますます、好きになったよ、わが家の白樺のことを。

セルビア／ベオグラード▼ブレザ［♂］4歳

▼エクステリア営業

素敵な新築のお宅ができましたね。外壁は、これからですか？　こちらのフェンスは、張り替えどきです。ほら、体重3kg足らずの猫が、体を預けただけで、こんなに傾いてしまうのですから、確実に老朽化しています。

やはりね、潮風にさらされてすぐに錆びてしまいますよ。そうそう、お母さんもいつも愚痴をこぼしていました。生まれたときからサビ猫だったって。オス猫はめったにサビ柄にはならないのですが、姉さんは生まれたときからサビていました。関係ないか。ね、この錆びたフェンスは危ないので、新しいのに交換しましょうね。

ニューカレドニア／ヌメア▼キャラメル［♂］7ヵ月

▼臭気判定士

わたしは、自分でも感心するくらい鼻がいいのです。猫は、育った環境によって、鼻が利くかどうか、二極化します。犬は安定して嗅覚がいいみたいだけど、猫の中には、わたしみたいに犬よりも優れた嗅覚を持つものもいるのよ。

最初は、調香師に。でも、猫にとって、あまり役に立つ仕事とは思えなかった。それで、臭気判定士の国家資格を取ったのですが、これは、よろこばれる仕事ね。みんな、体臭について気にしすぎ。猫なんだもん、猫くさいにおいがして当然なの。わたしがにおいを嗅いで、「普通」って言うと、たいていの猫は安心して、食欲が戻るから、わたしもうれしくなるの。

タイ／サムイ島▼リリー［♀］5歳

SPECIAL
PRICE

福娘

ここは、もともとマヤの土地で、カンクン（蛇の巣）という地名がつけられたのは、よそ者が入って来ないようにという意味がありました。カリブ海に面した観光資源を活用しようと、メキシコ政府が開発を進めてから、およそ半世紀。老朽化した設備を入れ替えなければいけない時期に来ていたところに、わたしの主人は観光の事業をはじめ成功しました。

ちょうど、それが子猫だったわたしとの出会いの時期と重なったものだから、主人は、わたしのことを「福娘」と呼んで大切にしてくれます。ありがたいことと感謝しつつ、日課として、こうして鬼瓦となり、厄除けを祈願しています。

メキシコ／カンクン ▼ ニエヴェ［♀］6歳

▼アンテナ調整係

キューバの一般家庭には、デジタル通信はあまり普及していません。インターネットを使える人やパラボラアンテナを持っている人は、海外のテレビ番組やニュースを見ることができるらしいのですが、そんなのは、ごく一部の家庭です。自動車だって、60年以上前のアメリカ車が走っているくらいですから。

約300年前の、貴族のお屋敷の使用人部屋で暮らしています。テレビのないお宅もあるというのに、うちにはテレビがあるんです！　ぼくは、家族の誰かが視聴しているときには、テレビの上に乗っているの。アンテナに、スリスリってすると、電波を受信できるようになるんだよ。

キューバ／トリニダー▼ミコ［♂］3歳

▼ガーデナー

マデイラ島のボタニカルガーデンに勤めるガーデナー、いわゆる庭師です。去年から、日本の植物区域担当になりました。日本って、行ったことがないから、いえ、この植物園から外に出たことはないんですけど、日本といえばシダと竹のイメージかなと思って、デザインしてみました。

マデイラ島は、派手な色の果物が豊富で、花々や植物の色も鮮やかだから、この島の人は色彩感覚に優れている傾向にあります。観光客もすぐに鮮やかさに染まってしまうのよね。だから、わたしの担当した区域は緑一色で、ワビサビを表現したいと思ったの。日本の人から評価されたら、うれしいです。

ポルトガル／マデイラ島▼バレリーナ［♀］4歳

▼幾何学性グラフィック・アーティスト

ここは、屋根のないレストランなんですが、ハイシーズンに4ヵ月間だけ営業しているところです。6月から9月以外は、テーブルや椅子が片づけられ、誰でも休憩できる憩いの場として開放されています。

わたしも通りすがりに休憩してみると、ふと、自分の毛並みと、このモザイク柄の一致する感じに気がついたのです。どっちが主役というのではなく、相乗効果で互いに引き立てることができ、エッシャーのだまし絵のような面白さにも発展しますね。来シーズン、レストランに雇ってもらえないか、営業してみます。

ギリシャ／ロドス島▼ケラミカ［♀］6歳

牧羊猫

スペイン／マヨルカ島▼フラ［♂］6歳

牧羊犬に代わる仕事をしています。うちの牧羊地は狭いので、犬が入ると山羊たちが疲れてしまうんですよ。一度、ボーダーコリーが、やってきたことがありました。本能で、群れをコントロールしないと気が済まないのですね。舌をベロンと出しながら一日中、山羊を追っていました。山羊は落ち着いて草を食むこともできないし、彼も仕事に熱中するあまり、へばってしまいました。彼はいま、馬小屋番をしながら療養しています。

わたしが山羊番になってから、山羊たちの表情が明るくなりました。隣の家の植物も、ちょいと失敬する余裕すら出てきたのですよ。

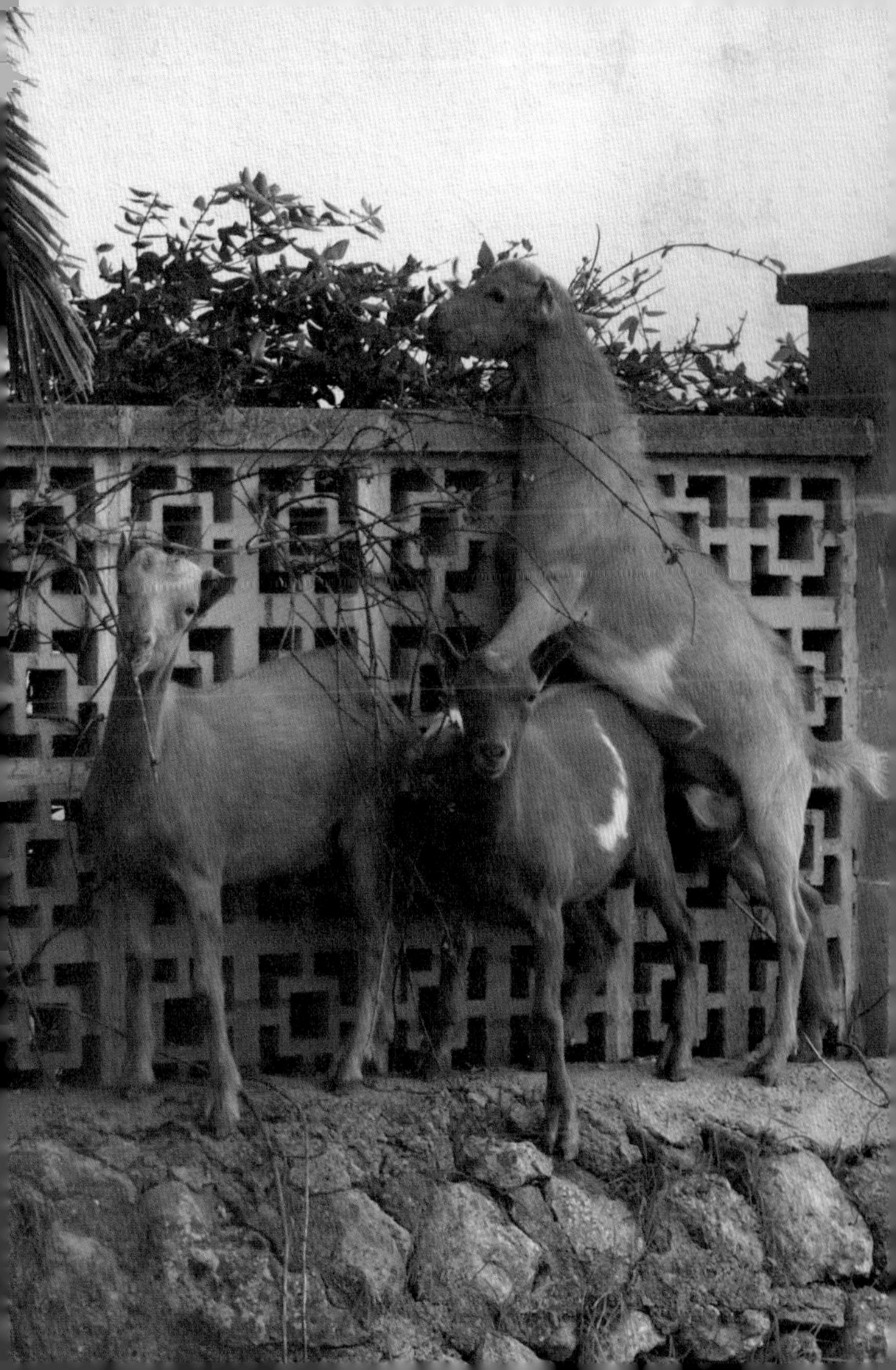

▼

お針子

将来を夢見ています。服飾デザイナーになって、活躍できる日がくるかもしれない。いまはお針子として、与えられた仕事をこなしているだけですが、すごく勉強になっています。特にアオザイのダーツを縫うときの技術、これを自分のものにできたら、のちのち怖いものはないと思います。

わたし自身は、サビ猫ですが、赤い部分が多くて黒い毛が少なく生まれたことも、成功につながるのではないかと密かに期待しています。小耳に挟んだんですよ、「コンテストで力量、才能の甲乙つけがたいもの」のどちらかを選ぶとしたら見映えのいい方を取る、って。お母さんに感謝しなくっちゃね。

ベトナム／ホイアン▼ナカー［♀］7ヵ月

▼ガーデニング・アドバイザー

うちのお客さんには、薔薇の苗がとくに人気です。薔薇は春を告げてくれますし、香りもよい。香りの中に、人々の気持ちを癒す効果のある物質が含まれているんですよね。

ミニトマトやナスなどを育てる家庭菜園も流行っています。ローズマリーやバジルといった食材に使えるハーブ類もご案内しています。ただ、猫や犬が噛んだら、体調を崩してしまう植物もあるので、むやみには勧められません。

猫が食べても大丈夫な猫草があれば、他の植物を食べることもないと思いますので、猫がいるお宅には、利益率の高い「猫草」を最初にお買い求めいただいています。

ブルガリア／ソフィア▼オスム［♂］3歳

▼

屋根職人

リタイヤした漁師さんたちの趣味の小屋がある海岸の一角です。ここは、別名「猫村」とも呼ばれているのですが、元漁師さんたちの庇護のもと、30匹以上の猫たちが思い思いに暮らしています。「楽しそうだな」って、町で飼われている猫が遊びに来るくらい平和なところなんだよ。

おじさんたちは、自分の小屋をいつもメンテナンスしています。お手伝いしたいなぁと思って、ぼくは屋根職人ですから、小屋の屋根に登ってみました。この突き出している木材は、なんなのでしょう？　もしかしたら、旗を掲げていたのかもしれないね。そうだとしたら、傾きを直してあげないとね。

マルタ／ヴァレッタ▼ブージャ［♂］2歳

鳶職人

ハイシーズンになると、万国旗やらペナントやらを垂らして、にぎやかになるんです。日差しが強いからね、日除けの意味合いも兼ねています。商工会の会合で話し合われたのは、商店主や飲食店さんもみんながハッピーになるように、日当たりや陰になることを考慮して調整しようということでした。

わたしは、命令に従って鳶の仕事をこなすだけ。やっぱり、猫ですから、どんな狭いところも高いところも平気なんです。いまは、これらの竿が、劣化していないか点検しているところ。わたしが歩いて「ボキッ」とかいったら、大変ですからね。何事も、安全第一です。

ギリシャ／ロドス島▼ボニ［♂］7歳

WE PRINT YOUR NAME
YOUR PHOTO AND
YOUR LOGO ON ANY
T-SHIRT AND
FOOTBALL TEAM IN
1 MINUTE
T-SHIRTS
5 X
EXTRA

▼ソーラーシステムの補強係

日光だけは十分にある。平等に与えられた天からの恵みだと、漁師のおじさんが言っていました。ここは、マルタ島という地中海に浮かぶ小さな島国。面積は東京23区の約半分しかありません。猫はたくさんいますよ。人口の数より多い、なんて言葉が一人歩きをしたようですが、それは間違いです。猫の数が人口よりも多いわけがないでしょう。

わたしは、猫たちの「風紀委員」をしていたことがありました。この前11歳の誕生日を迎えたので、人間でいったら60歳。もうリタイヤさ。これからは、屋根の上でソーラーシステム補強のアルバイトでもして、のんびりと暮らしますよ。

マルタ／ヴァレッタ▼トム［♂］11歳

▼水平測量士

最近、地震が多いでしょう？　大工さんたちが気味悪がって、しばらく休んでいるの。わたしたちが出勤しているというのに、仕事が進まなくて困っています。猫は平衡感覚に優れているから、水平を測量する係に抜擢されましたが、大工さんも現場監督も来ないから、暇を持て余しているの。

近ごろは、レーザーを照射して、ピッ、ピッ、で、水平を取っているのでしょう？　どうかと思う。その機械でギャラリーなんかの掲示物の水平を測るのはいいと思うけど、住宅の水平は、やっぱり、猫の力を借りなきゃ。猫のにおいがしないからって、新築そうそう、ネズミが出ても知らないよ。

日本／東京都豊島区▼トラ&カメ［♂♀］5歳4歳

▼

額装職人

額装をするときに大切なことは、まずは準備運動ね。台の上で、ひっくり返って、体を柔らかくする。この後、何回かゴロンゴロンしたら、血行がよくなってやる気が出てくるわね。最近は、貸し別荘が増えたでしょう。トロピカルな雰囲気の絵（印刷物だけどね）の注文を抱えています。

猫の毛がつくじゃないかって？　タイのたいていの人は、細かいことは気にしないわ。2、3日遅れたって、大丈夫。暑かったからね、で済んでしまう。だから、緊張感がなくなるのよね。準備運動をしているうちに、そのまま寝てしまうことがあるから作業が進まなくて。また納期が遅れるのが決定かも。

タイ／サムイ島▼ステラ［♀］1歳

▼江戸小紋染職人

神田川沿いにある創業140年の老舗染色工房で、住み込みで働いています。非常に細かい型紙を使う江戸小紋を担当。夜中にちょいと見回りに行った際に、型付けに使う白糊のツボに足を引っかけて倒してしまいましてね。白糊を頭からかぶり、全身糊まみれで動けなくなってしまったんです。

風呂にも入れてもらいましたが、みっちりくっついてしまった白糊は簡単には洗い落とせなくてね。毛が生え変わるまでに3ヵ月近くかかりました。染め分けるための白糊ですから、甘くみちゃいけねぇ。まだまだ修業が足りないなって、襟を正したところなんですよ。

日本／東京都新宿区▼ミイ［♂］11歳

灸

▼キャット・ウォーク・インストラクター

歩き方が美しいって、よくほめられます。ここはトラカイ城がある町で、お城見物に世界中から訪れる多くの人がそう言ってくれるから、本当にわたしの歩き方はきれいなんだと思う。他の猫とどこが違うのかわからないんだけど、歩幅と、前足の上げ方、後ろ足の残し方かしら？

あなたも、美しい歩き方を習いたいの？　そうね、前ばかり向いて歩いているのは、カッコよくないわね。ときどき目を閉じたりしてね、気分を出すの。とってのおきのコツは、腰を高い位置に持ち上げ、シッポをピーンとまっすぐ上に伸ばすこと。

え？　あなたにはシッポがない!?　それは困ったわね……。

リトアニア／トラカイ▼ピエニ［♀］3歳

▼幸運配達員

子猫のときから、縁起のいい猫だって言われています。横腹に「的」模様があって、目玉にも見えるから、吉祥だっていうんです。だったら、誰かがもらってくれたらいいものを、地域のみんなに幸運がもたらされるように地域猫にするって、島の長が。まぁ、外猫だけど、島長に飼われているようなものだからいいのかな。

ぼくの役割は「的」だよ。願い事があるときに、ぼくを見つけたら、バキューンって、狙うマネをしてみたらいい。命中するかどうかは、その人の心がけ次第だよ。心に曇りのない人は、命中できるさ。みなさんにいいことがありますように。

クロアチア／クロセップ島▼シイ［♂］4歳

[ふだんの仕事]家庭菜園手伝い
スリランカ／ヌワラエリア

休日の過ごし方
▼
高みの見物

木登り大好き。高いところから見る景色は格別だね。
何も考えてないけど、下りは、けっこう慎重になる。

シッポでバランスを取っているよ

ふだんやらない格好をすると、
ストレス解消になるそうです。
こうすると、

全てがひっくり返って見えるわね

[ふだんの仕事]ステージ・ママ
ギリシャ／シミ島

[ふだんの仕事]くノ一　沖縄県／石垣島

「木遁《もくとん》の術」が決まりすぎて、どこにいるのかわからないって
ほめられました。なので、休日は、
忍術のことは忘れて、塀の上で過ごしています

店員・勤め系

店にただいるだけ、ではありません。
仕事に生きがいをもっている猫たち。
客を招いたり、売り上げに貢献したり、
大きな顔をしているのには、理由があったのです。

▼ドアガール

ここは、衣料品や靴などを扱っているセレクトショップです。10月に入ると冬物のセーターが売れはじめます。地中海の真ん中だって、冬は底冷えしますからね。

ふだんはラフな格好でいる人も、パーティーや食事会などではドレスアップするのが礼儀だから、ファッションに気を遣う人が多いのです。経営者の女性が仕入れ担当をしているのですが、それはセンスがよくってね、わたしたちに支給してくれるカリカリ（ドライフード）だって、ブランドものなのですよ。

開店と同時にドアの前に立って、お客さまをお迎えします。暑い夏はエアコンが効いて、快適なのも気に入っています。

マルタ／サンジュリアン▼マーブル［♀］8歳

▼

手芸用品店店員

首都ソフィアの下町で、リボンやボタン、ファスナー、糸などの手芸用品を扱う店の店員をしています。ふだんは外で暇を潰していることが多いのですが、先ほど、呼ばれましてね。店に戻ってきました。猫の首輪を作る材料をお求めのお客さまが、リボンの幅や長さの参考にしたいからと。

猫のちゃんちゃんこを作るって人には、じっと動かないで相談に乗っています。おうちの猫ちゃんのサイズを測ってきてはいるものの、生きたマネキンがないとイメージが湧かないそうなの。余裕をもって少し多めに買っていけばいいじゃない、って思うのですが、そこは都会の下町人、始末屋なのよね。

ブルガリア／ソフィア▼ストレルカ［♀］7歳

▼家業手伝い（跡取り息子）その後

わたしのこと、見覚えがありますでしょう？『猫のハローワーク』で、カフェの息子として登場したピットです。あれから大変なことがおきましてね、オヤジがいきなり結婚しろというんです。所帯を持てばお前も一人前。落ち着くだろうって。ええー!? って思ったんですけど、すでに連れてきてしまっていて、アンジーって名前で、勘弁してよ、って思う間もなく、アンジーはわたしよりどんどん恰幅がよくなるし。この2年間は、あっという間に過ぎ去っていきました。ただ、アンジーが働き者で、お客さんの受けもよく、第一、オヤジが気に入っている嫁さんだから、まぁいいかなって思って。

イタリア／デゼンツァーノ・デル・ガルダ▼ピット&アンジー［♂♀］4歳3歳

茶屋店員

ヤンゴンは暑いので、休憩所になっている茶屋がいたるところにあるよ。猫カフェっていうのが流行っているらしいけど、うちは出入り自由な天然猫カフェ。店のママが裏手でごはんをくれるので、お返しに猫たちがお客さんを接待しているんだ。猫が好きじゃない人は、経験でわかるから、近づかない。ママに迷惑をかけてしまったら元も子もないでしょ。昨日、深刻な顔をしたおじさんが来て、すごく落ち込んでいる様子だったので、隣に座ってみた。ぼくのことを優しくずっと撫でて、涙を流したんだ。よほど悲しいことがあったんだね。おじさん、また来てね。いくらでも話を聞くよ。

ミャンマー／ヤンゴン▼セイニャビ［♂］3歳

▼八百屋店員

カリブ海の島国で暮らしています。八百屋の店員といったって、やることがなくて退屈しています。お肉屋さんや魚屋さんとかだと、夜勤が大変なんだって。ネズミとか、むちゃくちゃデカイのが出てくるらしいよ。あ〜、そんなのごめんだね。ぼくは、夜になったって、ここでゴロゴロしているよ。柔らかい果物に触ってはいけないけれど、硬いココナッツなんかを枕にして眠ると、気持ちがいいんだ。

休憩時間には、ビーチに出かける。あそこは、どこまでいったって砂場だから。掘り甲斐があります。用を足した後は、きれいな山ができるように砂を盛るのが、ぼく的マナーさ。

ドミニカ共和国／ボカ・チーカ▼ラム［♂］1歳

▼駅員

「猫村」として世界に名をはせる猴硐（ホウトン）の鉄道駅に勤務しています。台北駅から列車に乗れば、およそ1時間で来ることができ、週末の猫村は、それは大勢の人でごった返します。猫の写真を撮りたいのに、人が多すぎて撮れないじゃないか、と不満を口にする人が出るくらいの人気ぶりです。

今日みたいな平日は、のんびりできますよ。週末にそなえて休む猫もいるので、平日お越しのお客さまは、猫とあまり出会えないというジレンマもあるでしょう。そんなときは、駅員のわたしにお声かけください。列車の時刻を熟知していますので、乗り遅れる心配ご無用で、お話をたのしみましょうね。

台湾／猴硐▼リン［♀］3歳

靴販売員

長洲（チュンチャウ）島は、香港国際空港があるランタオ島の南東にあります。ランタオ島からフェリーで来られるし、香港島のセントラルからも高速船で30分くらいです。
わたしの店は、フェリー・ピアのすぐ近くにあり、日がよく当たります。朝から、ぽかぽか。今日も仕事中に寝てしまったってことですね。店では、お布団も売っているのですが、お布団の上はダメ。猫をダメにしてしまうからと言われているので、それだけは守っています。靴の上で、こんなにダメになってしまうんだから、これ以上ダメになったら、ダメの限界を超えてしまうでしょう。

香港／長洲島▼ミミ［♂］8歳

▼ミント販売手伝い

モロッコのみなさんは、ミントティーを飲むのが大好き。
わたしは、迷路のようなメディナの片隅でミント販売のお手伝いをしています。この袋の中は全てミントなんですけど、こんなにたくさんの量が一日で売れてしまいます。いま、販売員のおにいさんがお手洗いに行ったので、わたしが袋番をしているところです。ミントの香りが嫌いな猫もいますが、わたしはどちらかというと好き。匂いを嗅いでいると気分が高揚します。でも、噛むのは体によくないので気をつけています。商品ですしね。ミントをマタタビと勘違いして、酔っ払いたい猫が近づいて来ることがあるので、袋番も大変です。

モロッコ／カサブランカ▼ムモ［♀］4ヵ月

PALE ALE
BELL'S
J&B
time-out

▼厨房監督

世界遺産の街の緑豊かな庭園内で生まれました。ここアッパー・バラッカ・ガーデンは、グランド・ハーバーが見渡せる観光スポットなので、大勢の人が訪れます。

庭園内にあるキオスク（オープンカフェ）の厨房がわたしの職場です。ふだんからにぎわっていて、洗い物が追いつかなかったり、オーダーを間違えたり。厨房で働く人たちがギスギスしてしまうのを和らげるのがわたしの役割です。

カフェのおすすめは、なんですか、って？　マルタワインに決まっているじゃないですか。ボトルとグラスを出すだけだから、手間がかからなくていいって、ボスが言っていました。

マルタ／ヴァレッタ▼ガレティ［♂］8歳

拝拝用品店受付

香港／長洲島▼アンチャイ［♂］4歳

　こちらで扱っているのは、線香類と模造紙幣など、亡くなった方を供養するための品です。天国で充実した暮らしが送れるようにと、お札に見立てた紙を燃やします。お札でご満足いただけない場合は、張りぼての金の延べ棒もありますよ。

　特注品の注文も承ります。愛猫のための猫缶10ケースが出来上がってまいりました。本物の猫缶をそのまま燃やすわけにはいきませんので、燃やせる紙素材で模型を作るのです。先日は、亡くなった坊ちゃんのためにと、スーパー・カーの注文がありました。おいたわしい。煙となって、それらの品物が天国に届いたら、きっとよろこんでもらえますとも。

▼幸運招き猫

コンビニエンスストアに勤めています。勤めているといっても、レジを打つわけではなく、商品の補充もしません。

当店では、数字をマークするくじを扱っています。数字をマークする際に、わたしからなんらかのインスピレーションを与えられたと言い出したおじさんがいて、評判になってしまいました。一度、日本円で10万円くらい当たったときに、わたしがたまたまここにいたものですから、ただ、ここにいるだけでいいと雇われたのです。一つ心配なのは、くじマニアになったおじさんの奥さんのこと。今日も来ています。お店の売り上げにはなるけれど、くじは、ほどほどにしてほしいな。

台湾／花蓮▼ベエベエ［♂］12歳

▼ペットショップ店員

青空市場にある支店では、安価なフードを取り揃えているので、年金生活のお年寄りから人気があります。一方、こちら本店は高級品を扱っていますから、ドライフードの鮮度が落ちている可能性があります（ナイショの話です）。猫用ドライフードも、特大袋を仕入れて、量り売りをしています。
わたしの担当は、おもちゃ遊びのデモンストレーションをすること。「ネズミのおもちゃを買ってやりたいけど、遊ぶかしら？」と、購入をためらっているお客さんに、こうやって遊びますって、見せるのです。一心不乱にやるのがコツ。気がついたら、このネズミはもう、こわれてしまいました。

ブルガリア／ソフィア▼ティグレ［♂］3歳

TRAINER
FELINE

▼クリーニング店受付

シミ抜きは別料金です、大切なボタンは取りはずしてご持参下さい、って注意書きに気づいてもらうためにここにいます。もう一枚、ドアに大書してあるのが、「ペットの毛は、取り除いてから持ってくる！」。それは、命令口調になっています。他のお客さんの迷惑になるのでね。毛だらけの衣服やリネン類を出されると、本当に大変、うんざりします。他のクリーニング屋さんでも、ペットの毛のトラブルはよくあるみたい。業界紙に対処法が掲載されていました。
わたしですか？　わたしは短毛ですし、暇さえあればコロコロしてもらっているので大丈夫、少しも問題ありません。

日本／東京都新宿区▼モモカ［♀］3歳

シミ抜き
別料金です
大切なボタン
取りはずして
下さい。

商品配達人お出迎え係

ここは、東洋のヴェネツィアと呼ばれるランタオ島のタイオーというところです。わたしたちは兄と妹で、「東京士多（ストア）」という名の小さなコンビニに居候をしています。おじいちゃんとおばあちゃん二人でやっているコンビニですから、何か役に立つことはできないかと考えて、商品納入日にここで、配達のおじさんをお出迎えすることにしました。

何しろ東洋のヴェネツィアですから、水運が主流で、小さなコンビニでも船で商品の補充がなされるのです。「東京碼頭（埠頭）」は、東京士多のいわば勝手口。ここで待っていれば、配達の船が着くので、「ありがとう」を伝えることができるよ。

香港／ランタオ島▼トントン＆ファツァイ［♂♀］4歳

東京碼頭

▼ジュエリー販売員

「あら、このブレスレット、うちの猫に似合いそうじゃない!?」って、ぼうっと眺めているお客さんがいらっしゃいました。そんなとき、さりげなく近づいて、顔映りはよさそうか、装着できそうかを見てもらいます。白っぽい猫でよければわたしが、濃い毛色で試したければ、相棒が控えています。よし、猫へのお土産はこれで決まりね、となってからが、販売員としての腕の見せどころ。同じデザインのネックレスへと導きます。ご自分用にもネックレスが気にいるはずです。

「猫とペアでつけたら、楽しいわね」って。あれは、何ヵ月前だったかなぁ? 最近、そういうお客さんがぜんぜん来ない。

ギリシャ／ロドス島▼レフコ&マーブロス［♂♂］5歳

密偵

霊園で暮らしています。わたしが肥え過ぎたことを心配して、「餌を与えるな！」と書いた首輪を猫おばさんがつけてくれたこともありました。つい最近、若いカップルが目の前に現れましてね、「なんだこの猫、これ猫？　漬物石なんじゃね？　わははははっ」って。とても屈辱的でした。
あなた方の行動の一部始終は、猫の目を通して、Z97星雲に送られているって、ご存知ないでしょう。宇宙に映像を送る密偵猫は、膨大な数が配備されていましてね。あなたのおうちの猫も、もしかしたらご同業ではないでしょうか……。じっと見つめられて、「あれ？」って感じたことは、ありませんか？

日本／東京都港区▼ナレハテ［♂］11歳

▼CDショップ店員

わたしは子猫のときに、自らこの店にやって来ました。ディスコミュージックっていうのか、ビートの効いた音楽というのか、とにかく、心臓の音みたいなのが聞こえたのに興味を持って、音の方向に歩いてきたらここにたどり着いたのです。

「音楽が好きなの？」って、店のオーナーに気に入られましてね、店員としてすぐに採用されました。いやぁ、すっごい爆音でガンガン流しているんですよ。でも、空間の上の方だけですから。音の伝わり方って、面白いですね。低い位置にいて、店の外側に耳を向けていれば、気にさわらない程度に雑音をカットできるんです。正直、それでもうるさいですけどね。

ベトナム／ハイフォン▼ミャオ［♂］4歳

ウェイター

わたしは御用のあるお客さまのテーブルへ、すぐに駆けつけることができます。時計の秒針みたいに、各テーブルをコチコチ見張ったりはしません。秘訣といえるかどうか、客席全体が見渡せる場所に立って、視野を広くして漠然と眺めています。するとと、用のあるお客さまが光って見える。手や声をあげられる前に、伺うことができるのが自慢です。

御用ですかってこちらへ駆けつけたら、「ただ、来ないかなって思っただけ〜」ですって。ま、この午後4時っていう中途半端な時間で、他にお客さまもいらっしゃらないんでかまいませんが、チップを弾んでくださることを期待していますよ。

ギリシャ／ロドス島▼スッピーノス［♂］3歳

▼中古車販売員

　こんにちは〜。お車いかがですか〜？　この車、すごくお値打ちですよ。丁寧にワックスをかけておきました。やはりね、海沿いの街ですから、ワックスはしっかりかけておかないと。海沿いっていったって、ただの海じゃないんです。地中海や北海とは違いますよ。大西洋ですからね、ほっぽっといたら車は傷み放題です。
　あれ？　気がつきましたか。鏡のようになっているから、どこまでがわたしの体なのか。わたしは、そんなにお尻が大きくないですよー。映り込んでいるポルトの街並みもなんか変じゃないですか？　ワックスを塗りすぎたせいですかねぇ……。

ポルトガル／ポルト▼プレート［♂］6歳

▼インテリアショップ店員

いらっしゃいませ。三つ指をついてお客さまをお迎えすることを心がけています。お客さまの姿を見たら、前足のつま先に意識を置くようにしています。ここは、伝統工芸の街フィレンツェ。革工芸品、木製品、陶芸品など職人の技で名をはせる街ですが、遠方から訪れる方に特にお勧めしたいのが、インテリア雑貨やファブリックのお買い求めです。手はじめに、スツールなんて、いかがでしょう？　航空宅配便でお送りするのもそんなにコストはかかりません。この次にいらっしゃるときには、カーテンを注文してみませんか？　カーテンをかけ替えるだけで、あなたのお部屋が、メディチ家風になりますよ。

イタリア／フィレンツェ▼ロミーナ［♀］7歳

▼予約席確保要員

ＲＥＳＥＲＶＥＤって札が置いてあっても、このテーブルに座ってしまう人がいるから、わたしはここにいるのです。

さっきね、何度かマルタを訪れたことがあるって観光客が、血相を変えて店に入って来ました。「この店の下の通りが、破壊されて黒焦げになっている！　火付け盗賊に襲われたんじゃないですか」って、おびえていました。

映画のセットですよ。使われていない倉庫とその周りを、映画のロケ地として貸し出しているのです。中世が舞台の時代劇だったら、建築物の時代考証はバッチリでしょう？　わたしが確保しているのは、監督の席。とても誇りに思っていますよ。

マルタ／ヴァレッタ▼ソーファ［♂］6歳

RESERVED

休日の過ごし方

▼

お散歩

大切なのは、
ONとOFFの切り替え。
だからお散歩のとき、
ぼくはやさしい顔つきを
しているよ

[ふだんの仕事]
イリュージョニスト
ブルガリア／ソフィア

おすもうさんになるには
足腰を鍛えないといけないから、
休みの日も、自主練習。
四股を踏みながら
歩いています

[ふだんの仕事]
おすもうさん志望
デンマーク／ドラウェア

散歩は、早朝がいいね。
空気が澄んで気持ちがいい。
わたしの姿を見て、
びっくりする人がいるから、
気配を消して歩いているんです

[ふだんの仕事]
薪保管管理係
ドイツ／フランクフルト

整備をしていて、
足しか見えませんでしたね。
ぼくは、こんな顔をしていますよ～
きれいな猫だって、
よく言われます。

[ふだんの仕事]自動車整備工
タイ／サムイ島

芸術・研究者

系

少し動いているだけ、ではありません。
豊かな才能をもてあましている猫たち。
夢を胸に、好きなことをして生きる彼らから
学ぶべきものがあるかもしれません。

▼古代建築物研究員

アクロポリスの丘の上に、パルテノン神殿が聳え立っている。わたしは、その麓にあるアゴラで生まれ、母親から「お前もいつかパルテノン神殿のように立派な猫になるんだよ」と言われて育ちました。

アゴラから見上げると、そんなに大きくは見えないのですが、近づいて見ると、大きいのなんのって。いくらなんでも、こんなに巨大にはなれないよ。しかしすごいね、2千年以上も前の人が16年の歳月をかけてこれを造ったんだから。当時から、黄金比なんてあったんだねぇ。あ、ここ立ち入り禁止だって？ わたしは研究員だから、入っても大丈夫なんですよ。

ギリシャ／アテネ▼スサーミ［♂］8歳

▼

光の3原色研究者

埼玉県の秩父ってところで生まれました。TNR活動(Trap Neuter Return=のら猫を捕獲。不妊・去勢手術を施し、元いた生活の場所に戻して世話を続ける)をする人の庭に設置された「猫箱」に、お母さんがぼくを託していったんだって。小さかったから、なんにも覚えてないんだ。

ぼくは、幸せだと思うな。すぐに里親さんが見つかって、毎日褒められて暮らしている。「光の3原色」を体現している、すごい猫だねって。ぼくの目の色と鼻の色を合わせると、真ん中が白くなる。それを「光の3原色」の基本概念っていうらしいんだけど。鏡に映して研究を続けるんだ。

日本/東京都文京区▼カロチン[♂]3歳

▼修行僧

　どうしてこんなところを歩いているのか、いまになって、怖くなってきた。まぁ、猫だから、なんとかなるとは思うけど、と楽観的に考えてみたり。そういう己の弱さと対峙するために修行僧として、この塀の上を歩きはじめたのではなかったのか。
　ここは、ドゥエロ川から丘陵になっている北側の斜面で、長くて急な階段とその下の道に人や車が落ちないよう高い塀が設けられている。猫と煙は高いところが好き、とはよくいったものだ。だんだんと怖くなって、目がすわってきちゃったな。足もちょっと、ふらついてきた。よし、あの駐車車両の屋根を目指して、がんばろう。

ポルトガル／ポルト▼エヴァ[♀]2歳

▼筋肉トレーナー見習い

ヨーグルトを食べるのが大好きです。まだ小さいから、たくさんは食べさせてもらえませんが、食べ残しのカップを舐めてもいいよって。お姉さんも小さなカップのヨーグルトをきれいに平らげたいだろうに、ぼくのために、少しだけ残してくれるのです。「健康に育つのよ」と、頭を撫でてくれました。

なんて優しいのだろう。この家にもらわれて幸せだな。ヨーグルトを食べるだけじゃ、健康にならないとテレビで言っていました。運動もしないとね。このお花を相手にシャドーボクシング。体を鍛えて、将来は筋肉トレーナーを目指している。

チェコ／プラハ▼マーロ［♂］3ヵ月

▼利用状況観察者

ポーランドは、ＤＩＹ（Ｄｏ Ｉｔ Ｙｏｕｒｓｅｌｆ＝自分で作る）が、浸透している国です。ＤＩＹで自宅をリノベーションしてしまうツワモノもいるほどです。

公営の団地に住んでいると、棚をつったりはできますが、リフォームっぽいことはできませんので、行き場のない「ＤＩＹ魂」を昇華させるためとでもいうのでしょうか、２階の住人が、猫用の梯子を作り、設置しました。何度も、スケールの確認をしていましたよ。２階の猫は果たしてこの梯子から降りてくるでしょうか？　わたしは興味津々で、毎日、観察しているのです。いまのところ、姿を見せていませんねぇ。

ポーランド／ワルシャワ▼ノクターン［♂］８歳

▼写真のモデル

地中海のへそと呼ばれるマルタ島には、猫がいっぱい。「小さなもの、弱い立場のものに慈愛を」と、マリアさまがおっしゃったそうで、わたしたちはのんびりと過ごしています。いろいろな考え方の人がいるなかで、「この島は、人間だけのものじゃない。古くから住み着いてきた猫たちにだって、ここで暮らす権利がある」と話す漁師さんは、立派だと思いました。

公園で暮らす猫たちは、世話をしてくれる人々にお返しがしたい、ひいてはお国のためにと一致団結しています。観光産業は国家経済の屋台骨だから、よろこんでモデルを引き受けます。よい思い出を作ってもらって、何度でも訪れてほしいもの。

マルタ／サンジュリアン▼公園の猫のみなさん

▼コメディアン（二人羽織練習中）

　ぼくたちのおうちには、大きな犬がいてね。名前は「クマ」っていうの。おばあちゃんがつけてくれた。おばあちゃんは、日本の言葉がわかるんだよ。大きく健康に育ちますようにって願いが込められていると、お姉ちゃんから聞きました。

　ぼくたちの名前は、サスとサシミっていうんだ。涼しげに聞こえる名前がいいってつけてくれた。サスって、〝砂州〟っていう意味なんだってね。

　お礼の気持ちを伝えたいと、お姉ちゃんに相談したら、ユーチューブで二人羽織を見せてくれた。さっそく練習をはじめたよ。おばあちゃんが笑ってくれるの、楽しみだな。

パラオ／コロール▼サス&サシミ［♂♂］6ヵ月

▼石畳デザイナー

ポルトガル本土の最南端に位置するファーロ。落ち着いた歴史ある街並みに、石畳がハイセンスなアクセントとなっています。いろいろ斬新な模様の石畳があるから、見に来てね。

自由な発想で石畳のデザインをしていいよと言われたので、お魚をモチーフにしてみました。できあがってみると、イメージしていたのよりも魚が大きかったかな。

この近くを歩いていて、ふと気がついたら数字が埋め込まれた石畳があってさ。７９８５３５６２９５１４１，３。なんだろう？　って、不思議に思ったよ。「，３」で振り返ってみたら、あ！　石畳デザイナーとして負けた、って思ったね。

ポルトガル／ファーロ▼ペイシ［♂］２歳

▼イリュージョニスト

ぼくたちは、双子だよ。どこから見ても、同じ。大きさも赤トラ柄もほとんど同じ。ちょっと、弟の方（向かって左側）が、下腹が出てきたから、注意をしているんだ。それ以上、体型が変わると、仕事が続けられなくなるぜ、って。

「長〜い猫」の練習をしているところだよ。猫が長く伸びてしまったって、びっくりさせる技なんだ。想像してみて。２匹の間に布をかけフェンスを覆えば、猫が長く見えるでしょ。

ぼくたちが暮らしているところはお寺だから、悩みや不安のある人、病気の人も訪れる。そんな人たちが気分転換できるきっかけになればと、思っているんだ。

ラオス／ルアンパバーン▼ミモ&リャン［♂♂］3歳

ブルガリア／カザンラク▼ブババ&ピサンチャ［♂♀］6歳7歳

「光と陰」っていうのは、一つの概念にすぎません。光があれば、影ができます。光が当たっているところは、暖かい。日陰は寒い。あたり前のことです。日陰者、って言葉があるくらい、陰は、マイナスのイメージで語られますが、「光と陰」は、どちらが主役ってことではないのです。わたしたちは陰になり日向になり、日々支え合っています。「光と陰の哲学者」として人々に伝えたいのは、長いトンネルの出口こそ注意してくださいね、ってこと。

ここカザンラクは薔薇の町として知られています。華やかな印象の薔薇の花にも、日向ばかりではなく陰もあるのです。

▼光と陰の哲学者

▼髪型モデル

　初対面の人から、「お、いいね！」って、よく言われるんです。「いいよ、イケてる。写真撮っていい？」って。今度、ヘアカットに行くときに、美容師さんに見せたいから」って。まぁ、その度に「どうぞ」って、立ち止まるんですけどね、「あ、そだ、後頭部はどうなっているのかな？」なんてしつこいと、ご遠慮して失礼することにしているのです。なんですか？　いま、前髪短めで、しかもナチュラルに真ん中分けっていうのが流行り出したんですって？　わたしは、生まれたときからこのなりですよ。言っちゃあなんですが、男は見かけじゃないですから。こう見えて、モテてますよ。

ブルガリア／ヴェリコタルノヴォ▼カロヤン［♂］8歳

▼昆虫博士

原っぱに来ると、いろいろな昆虫がいて楽しいね。いっしょに遊ぶだけで殺生はしない。だって、ぼくは昆虫博士だもの。

トノサマバッタは、たまにデカイのがいてびっくりするね。ショウリョウバッタは、かなり好き。前足で捕まえようとすると、スルッて、指の間から飛び出してしまう。そんな様子が可愛くて、つい、ショウリョウバッタと遊んでしまうんだ。

ダメなのはね、カメムシ。ぼくは覚えたよ、カメムシの形状を。あれはダメ。たいていの猫は、あれにやられて草むら遊びをやめてしまうという。ぼくは、あいつだけには関わらないように注意して、これからも楽しみながら虫の研究を続けるよ。

スロベニア／イゾラ▼レパ［♂］3歳

▼鳩の調査員

　自由と自治を守るために造られた堅牢な城壁の中で、わたしたちは暮らしています。猫はそれぞれのテリトリーを一日に1回はパトロールするので、会いたくない猫の活動時間には、出かけないようにしています。
　スポンザ宮殿で生まれたわたしのテリトリーは、宮殿の周り1ブロックです。まだ、日が昇らない時間なら人通りも少ないので、鳩の調査に適しています。隠れていることを鳩に悟られないために、耳を後ろへ畳まないといけないんですが、どうしたものか、わたしはそれが苦手で。姿勢を低くしていくうちに、鳩が見えなくなってしまうんです。

クロアチア／ドゥブロヴニク▼チャーリ［♂］7歳

▼ツボ押しインストラクター

サッサリというサルデーニャ島北西部にある都市で暮らしています。ロマネスク様式のサン・ニコラ大聖堂は12世紀に建てられました。うちは、大聖堂のすぐ近くにあって、すごく古い町並みだから、道幅が2メートルもないの。

道の真ん中に雨水排水用の溝があって、昔の石畳の面影を残した風情ある佇まいになっているわ。あるとき、寝転がったら、肩甲骨のところに石が当たって、気持ちいいのなんのって。わたし自身は、猫背を矯正するつもりはないけれど、猫背になってしまっている皆さんには、おすすめね。背中をゴリゴリって。肩甲骨から健康になるのよ。

イタリア／サルデーニャ島▼ペッピーナ［♀］3歳

▼楽器奏者

ベトナムならではの民族楽器は、特別なものだよ。ぼくが初めて見たときに驚いたのは、モーコックっていう木製の楽器。カエルの形をしていて、木の棒で背中をこすると、ゲロゲロって鳴き声が出るんだ。そのときはまだ子猫だったから、カエルの方が大きくて、びっくりして飛び上がっちゃったよ。

それからだね、楽器に興味を持つようになったのは。爪を研ぐものの材質によって、音色が変わる。ガリッガリ、だったり、バリバリ、だったり。最近ぼくが凝っているのは、鼻息で吹くフルートだよ。耳を澄ましてみて。ほら、「ほー」って音がピアニッシモで聞こえないかい？

ベトナム／ホイアン▼ヴァン［♂］2歳

▼おとぎ話研究家

そもそも、浦島太郎さんて人は、実在していたのでしょうか？　だって、おかしいじゃないですか。酸素ボンベもつけずに、亀の背中に乗って、海の中に行けたのですか？　そこで何週間か遊んで、地上に戻ったら、何十年もの時がたっていたというんですか？　ありえない。物語としては、単純でわかりやすいかもしれないけれど、面白くないですよ。おとぎ話って、何らかの戒めや注意喚起や、人生の役にたつことが盛り込まれているものです。浦島太郎さんは、結局、玉手箱を開けて、おじいさんになっちゃったって、それだけでしょ。わかんない。

真意を、この亀に問うているのです。

日本／東京都文京区▼ジロウ［♂］9歳

▼植物学者

リュブリャナは、草木が多くて、美しい街だ。この町に生まれたわたしは、子猫のときから、草花のにおいを嗅いで親しんできた。いろいろな植物を見てきたけれど、今年初めて、ほおずきを見つけたよ。英語では、ジャパニーズ・ランタンとか、ファイサリス、ブラダー・チェリーともいうらしいね。ブラダーは、膀胱の意味だから、とても面白い呼び方だと思う。光が当たると、透けて見えるから、寝転がって下から観察しているよ。なるほど、中にさくらんぼが入っているみたいに見えるね。フランス料理では、サラダやデザートに使うんだって!? この植物には、興味が尽きないな。

スロベニア／リュブリャナ▼トッポ［♂］7歳

▼画家のマネージャー

ギャラリーから外へ出て、一人で真剣に考えています。最初の出会いは、わたしがモデルになったことでした。想像以上に素敵に描いてくれたから、すごく才能のある画家だなって思って、しばらくモデルをしていました。そのうち、マネージャーになってくれないかって言われて、よろこんで引き受けたんです。彼の才能をわたしが後押しできたら最高、って思った。

ところが、やれ印象派風だキュビスムタッチだ、やれ白樺派テイストだって、作品ごとに作風を変えてしまうから、わたしとしても、どうマネジメントしたらいいのかわからないのですよ。これから先、どうしたらいいんだろう？

イタリア／ローマ▼キキ［♀］7歳

▼釣人アシスタント

　魚釣りをしている光景は、マルタのどこでも見られるよ。海岸で糸を垂れている人は、たいてい猫のために釣っている人だ。人間が食べる魚は、船でちょいと沖に出る。もっと大きくて美味しいものや、変わった種類のものが獲れるからね。

　ぼくは、早く魚が釣れますようにと応援しているうちに、気づいたことがあるんだ。「浮き」ってあるだろ？　魚が釣れる直前に、そいつが沈むんだよ。だから、単刀直入に、「浮きが沈みますように」って、じっと見つめ、念を送る。するとね、浮きが沈むのさ。そしたら、真っ先に釣り人の足元に駆け寄る。

　一番早く魚にありつける得意技だよ。

マルタ／サンジュリアン▼ピン［♂］6歳

▼かっぽれ継承者

生後9週目くらいのときに、死にそうな状態でわたしは保護されたそうです。健康になった写真を、仮のお母さんが仕事仲間にメールで送ったら、すぐに貰い手が見つかりました。

2ヵ月弱の間、育ててくれたこの家の窓から、わたしは「かっぽれ道場」の様子を見ていました。仮のお母さんと大きな猫たちとのお別れが悲しくないように、お礼の気持ちを込めて、踊りを披露します。

新しい家に行っても、かっぽれを忘れないようにします。ときどき育ててくれた家を思い出しては踊り、里親さんに感謝の気持ちを伝えたいと思っています。

日本／東京都世田谷区▼ポポ［♀］4ヵ月

▼

マジシャン

クリニックに常勤しています。ドクターの専門は心療内科で、いつも患者さんのことばかり気にしています。「わたしはいわゆる町医者ですから」が口癖。近所の人が風邪をひいたと訪れれば、それなりの治療と処方をしてくれます。

広いお庭は草花であふれているので、安らぎの空間です。患者さんの気持ちを少しでも和らげたいと、ドクターは庭師さんといっしょに自ら丹精しているのです。

そんなドクターの心意気に寄り添いたくて、わたしも患者さんによろこんでもらおうと、マジックをはじめました。

どうです？　鉄柵が頭を貫通するマジックですよ。

ニューカレドニア／ヌメア▼ミネッ［♂］９歳

5rue Dr. Gue

休日の過ごし方
▼
ストレッチ

［ふだんの仕事］果樹農家
モンテネグロ／ブドヴァ

体力維持のため、休日も運動しています。
ストレッチ効果があるように、
工夫しているんですが、これはどうも。

にっちもさっちもいかなくなってしまった……

[ふだんの仕事]
遊具安全点検員
リトアニア／
ビリニュス

いつか滑り台を降りてみたいから、
その日のために、
体を柔らかくすることに
気合いを入れています。

気分転換をするため
伸びをしているんだ

爪とぎするのもストレス解消になる。
不意に楽しかったことなどが、
思い出されるからいいね。

[ふだんの仕事]
**虫の取り方
実技指導員**
ラトヴィア／
ユールマーラ

観光・旅人

系

退屈している、のではありません。
自信をもって職務にあたっている猫たち。
愛嬌と、思いやりが備わっていれば、
それはもう、癒しのパワーに拍車がかかります。

▼トラゲット船頭補助員

ヴェネツィアの大運河(カナル・グランデ)を行き来する渡し舟、トラゲットの船頭補助員をしています。トラゲットを上手に利用できるようになれば、水の都をいっそう堪能できますよ。

わたしがこの仕事に就いて、もう15年以上になります。猫がトラゲットに乗っているなんて、不思議に感じるのではないかと思うのですが、さすがはヴェネツィアの地元民、まったく反応しないのですね。おかげで、わたしはたんたんと大運河を渡ることができて幸せです。まあ、どちらかというと、仕事というより市場のゴミ捨て場に用を足しに行くことが目的なのですけどね。

イタリア/ヴェネツィア▼トニー[♂]17歳

▼花蓮・軽便鉄道ガイド

台湾は、九州くらいの大きさで、南北に長いゾウリムシみたいな形をしています。島の西側の平地にはいくつもの都会があり、多くの人々が暮らしていますが、東側は山岳地帯で、ぽつりぽつりと町が点在しています。東部で一番大きな都市は、花蓮(ファーリエン)。花蓮って、素敵な名称ですよね。日本統治時代につけられたそうです。

その時代に軽便鉄道が敷かれていた名残を、いまも見ることができます。遊歩道になっているので、誰でも線路の間を歩けるよ。軽便鉄道はレールの間隔が狭いので、ガイドをする猫が小さく見えない点も気に入っています。

台湾／花蓮▼バブ[♂]2歳

▼広告ディレクター

シドニーへ観光誘致をする広告コンペの企画を練っています。ウェブサイトはもちろんのこと、旅行会社のオフィスや駅に貼るポスターとチラシも連動して考えなきゃいけない。クライアントに気に入ってもらって、電車の車両ラッピングにまでこぎつけられれば万々歳さ。

自分でやってみる。それが成功への秘訣。最終的なキャッチコピーは、コピーライターに考えてもらうとして、「飛べ、豪州へ!」なんて感じかな? 「旅するわたしには、オペラハウスが小さく見えた……」なんてのも、若者の旅心をくすぐるんじゃないかい? よしよし、エンジンがかかってきたぞ。

オーストラリア/シドニー▼匿名希望[♂]9歳

▼トゥクトゥク補助員

チェンマイ旧市街で暮らしています。ある日のこと、ここで寝ていたら、お客さんを乗せて目的地に向かったので、わたしはそのままドライブに行きました。どういうわけかドライバーは、旧市街の中しか走らないって決めているそうなので、わたしも安心して乗っていられます。一辺1・6㎞のほぼ正方形のお堀に囲まれた旧市街ですから、仮にトゥクトゥクから降りてしまったとしても、家にたどり着くことはできるでしょう。ランナー王朝の首都として、13世紀末から建設された美しく機能的な街を、お客さんといっしょにドライブできる楽しいお仕事です。

タイ／チェンマイ▼ニィン［♂］6歳

สก 688

▼ 観光客接待係

ここは城塞の町で、わたしたちは、中世の時代に兵隊さんが日々、敵が攻めてこないか監視していた城壁の上にいます。入場料を払わずに歩くことができますよ。観光客のみなさんに楽しんでもらえたらいいなぁと「赤い屋根の上の猫」というチームを作り、この屋根の上に集っているのです。

いまは、ぱっと見て10匹くらいしかいませんが、多いときには20匹にもなります。ここに集まるようになったきっかけは、この下が厨房でね、冬に暖かかったんです。そのとき、観光客のみなさんに大変よろこんでもらえましてね。人々の笑顔こそ、この町の猫たちの励みです。

モンテネグロ／ブドヴァ ▼「赤い屋根の上の猫」のみなさん

▼男木島観光大使

男木島《おぎじま》へは、高松港から女木島《めぎじま》を経由して40分ほどで到着します。わたしの背後に見えるのは、交流館という建物で、ジャウメ・プレンサの作品です。総御影石造りの男木島灯台は、映画『喜びも悲しみも幾歳月』のロケ地になりました。フレンドリーな猫たちがお出迎えしますので、ぜひお越しください。

お客さんの一番のお気に入りは、やはり「タコ飯」ですか？　男木島名物のタコの炊き込みご飯は、食欲をそそるさくら色に染まるので、「さくら飯」と呼ぶ人もいます。わたしも一度食べてみたいと思っているのですが、猫は腰が抜けるからって、食べさせてもらえません。腰が抜けるって……!?

日本／香川県男木島▼マサキ［♂］6歳

▼ホテル・マネージャー

ハンマメットは、首都チュニスの南東およそ65㎞。車で約1時間。公共交通機関を利用しても2時間弱で来られます。わたしの勤めるホテルは老舗で、メディナに近い好立地なのですが、リゾート開発された地域と離れてしまっています。そのため、建物の老朽化と相まって、客足の伸び悩みに苦戦しているところでした。そこで、白羽の矢が立ったのがわたしです。

猫ホテルにしましょうと提案しました。猫には、猫好きな人がわかりますので、気まぐれでお部屋を訪問しています。猫を希望する方は、1階の庭付きのお部屋を予約してくださいね。専用庭のカウチで猫たちと遊べますよ。

チュニジア／ハンマメット▼マーガレット［♀］5歳

四眼井（四つ目井戸）ガイド

澎湖（ポンフー）島は、台湾本島の西にあり、台湾のハワイとも呼ばれる海の美しいところです。風が強いことでも知られています。

馬公（マァゴン）の中央街に残されている四眼井は必見です。この井戸には、人が落ちないよう、みんなで使えるようにと、小さな4つの開口部があります。もう一つの特徴は、中で魚が泳いでいることです。水質が保たれている確認のため魚が棲んでいるのですね。実は、本当に魚がいるのかしら？　と覗き込んだときに、落ちそうになってしまったんです。ここのガイドは、猫には危険だと思いました。

台湾／澎湖島▼フォン［♀］5歳

▼現代の聖ヨハネ騎士団

ロドス島は、エーゲ海の最も東に位置する島の一つです。「ロドスの中世都市」としてユネスコ世界遺産に登録されている町の城壁周辺で、わたしたち現代の聖ヨハネ騎士団は暮らしています。歴史の授業でフェニキア人との戦い、なんて言葉がよく出てきたと思いますが、フェニキア人という特定の民族がいたわけではなく、ギリシャに東から攻めてくる勢力を総じて呼んだものです。

現代では、フェニキア人は攻めてきませんので、わたしたちは、観光業に役立ちたいと思っているのです。猫たちが幸せに暮らせるのも、観光客のおかげにほかなりませんから。

ギリシャ／ロドス島▼マイケル&スキロ［♂♂］7歳

イタリア／シチリア島▼ジュリア［♀］4歳

▼勝手に観光大使

シチリア島の北西部にトラーパニというお塩で有名な都市があります。地中海から海水をくみ上げて、天日で乾燥させた天然の塩は、ミネラルたっぷり。その塩をふった焼き魚にオリーブオイルをかけるだけで、大ご馳走になるのですよ。

わたしの背後のはるか下に見えるのが、トラーパニです。ここエーリチェは、山の頂上にできた天空の町として知られています。地中海が一望できるでしょう？　訪れた人は、「わぁ〜、すごい」って一様に感動の声をあげ、スマホかカメラを向けます。その瞬間に観光大使として、登場するわけですよ。ピントが合わせられるように、ゆっくりと動く工夫もしているんですよ。

▼観光ガイド

リュブリャナは、歴史ある街並みに自然が豊かで、首都とは思えないほど落ち着いた街です。

わたしはこの街が好きだから、お客さんの案内を買って出ています。この道を歩く観光客はたいてい丘の上にある王宮を目指している人だから、声をかけてごいっしょするの。

実はね、ここだけの話、王宮の門番をしているイケメン猫がいるのよ。ひとりで行くのは恥ずかしくってね。門番目当てに行っているってバレてしまうでしょ。だから、適当な観光客を見つけては、ご案内している風を装っているっていうわけ。きゃはっ。

スロベニア／リュブリャナ▼マルゲリータ［♀］3歳

▼民宿スタッフ

わたしが勤めるかっこいいデザインの民宿は、台湾のほぼ中央、日月潭（リーユエタン）の近くにあります。他に3匹の猫がスタッフとして常勤していますが、経営者のユウさんが猫の保護をしているので、ときどき数がふえたりします。

12ある客室のうち4室は、猫や犬といっしょに泊まれる仕様になっていて、わたしがいまいる部屋は、猫ちゃんに人気です。高いところに登ったりして遊べますからね。

猫のお客さまもたいていい最初は戸惑いますが、わたしたち猫スタッフがいるので、すぐに安心なさいます。再訪問してくださったときには、鼻と鼻でご挨拶させていただいております。

台湾／日月潭▼ビール［♂］4歳

隠居ときどき観光案内係

若い頃には、ちゃきちゃきと観光案内ができたもんだけど、もうね、この年まで生きながらえると、記憶も曖昧になってしまうし、足腰もよろっとなってね。体調のよい日でないと、ご案内ができないですね。

この前、石垣にもたれて座っている若者がいたので、毒蛇がいるかもしれないから気をつけてくださいね、って言ったんです。すると、そこを通りかかったお婆さんが、「なんという蛇さんじゃ？」って聞いたので、びっくりしました。島で暮らす蛇をすべて把握しているというのですよ。わたしより70年以上も長く生きている人間は違うわって、世界観が変わりました。

日本／沖縄県竹富島▼マヤァ［♀］17歳

▼トボガン引き手応援要員

ここは、マデイラ島。大西洋に浮かぶポルトガルの島です。地形がとても複雑で、独特な高低差があり、大自然を満喫するとともに生きている素晴らしさを味わうことができます。
中心都市フンシャルから、植物園へ行くケーブルカーに乗ってきてくださいね。モンテに着くと、カンカン帽をかぶり白いユニフォームを着た男たちがいます。トボガンの引き手たちです。籐製の椅子（そりの一種）にお客さんを乗せて一気に坂を下り、引き回します。人命を綱1本で預かる引き手たちにはプレッシャーもあるのではと、わたしは彼らの詰所で応援しているのですが、いつも冗談ばかり言っているのよね。

ポルトガル／マデイラ島▼プリンセス［♀］5歳

▼映画エキストラ応援係

この町は中世の街並みがそのまま残っているので、映画のロケ地としてよく使われています。最終的にはカットされてしまうかもしれないけれど、せっかくたからエキストラとして参加してみようっていう人は、けっこういるのですね。

ここは猫が暮らす公園で、ふだんは、時代劇のエキストラがいるところじゃないんです。エキストラの人たちって、待ち時間が長くて大変ですね。彼らの退屈さと緊張の狭間に思いをはせ、少しでも癒しになればとわたしはここにいます。なのに、「ローリン」ってカメラが回ることを告げる声が聞こえる前に、箒で追い払われてしまうのが、悲しくてなりません。

モンテネグロ／コトル▼ココ［♀］9ヵ月

▼観光船頭

マルマリスは、アナトリア半島の西南に位置し、エーゲ海に面しています。15世紀ごろには、ロドス島騎士団との戦いの場となりました。約５００年前にトルコのスルタンによって建て直されたマルマリス城が、丘の上に雄姿を見せています。

マルマリス城のすぐ近くの運河に、われわれ地元民はボートを係留しています。この船で、美しい海を見にいきませんか？

マルマリスは森と山に囲まれているから、湾に流れ込む水の透明度が高く、港を少し離れれば、ブルーサファイア色の海を見ることができるんだ。わたしはいま、実はとても眠たいんだけど、間違いなく、目が覚める美しさだよ。

トルコ／マルマリス▼タンベイ［♂］8歳

▼土産物店店員（妊婦さん）

スリランカは、北海道の8割くらいの国土に、世界遺産が8つもある、とても魅力的なところです。

わたしの住む町には、象さんの孤児院があります。親を亡くしたり迷子になったり、怪我をした子象が保護され、百頭ほどが施設内で暮らしています。自然に近い状態で育てられていて、毎日、水浴び（川遊び）に出かけます。その様子を見ようと大勢の観光客が訪れるので、わたしはその間は、休憩時間にしてもらっています。ほんの先ほど、午後班の約50頭の象さんたちといっしょに観光客も帰っていきました。一日が終わった～、って感じです。

スリランカ／ピンナワラ▼プ［♀］2歳

▼バスターミナルの交通量調査員

高速バスのターミナルで暮らしています。ブルガリアの大きさは、大雑把ですが日本の4分の1くらい。国内線の飛行機もありますが、主要都市を結ぶバスでの移動が安くて便利。わたしのいる町は、黒海に面した保養地です。温泉が出るので、長期滞在者用の民宿に逗留している人もいます。

この町の猫は、みんな元気です。冷たい温泉を飲んでいる猫もなかにはいます。わたしは、飲泉は苦手ですけど。苦いから最初は、「うう」ってなりますが、飲み慣れれば平気みたいね。

さてと。休憩時間が済んだから、職場に戻りますか。仕事に入る前に、しっかりストレッチしてと。

ブルガリア／バルナ▼ゼロ［♂］4歳

▼

観光地ご紹介係

コート・ダ・ジュール（紺碧の海岸）の小高い丘になっている地形を利用して、千年くらい前に、ここに村を作ることにしたそうです。頂上にお城を建て、城を囲むように家臣が暮らしていました。フランス革命で様子が変わってしまったそうですが、城下町としての中世の香りを感じてもらっています。

できれば宿泊してほしいです。この町のよさは、何気ない静けさのなかで、とてつもない荘厳さを味わえるってとこだから、その感覚を堪能していただきたい。プロヴァンスの村もいいと思いますが、ここカーニュは、フランスの村の素朴さでは負けません。猫たちが一同揃ってお待ちしております。

フランス／カーニュ・シュル・メール▼オセロ［♂］5歳

▼看板の手入れ担当

馬崗（マガン）は、台北の東約60kmに位置します。自転車だと、どのくらいかかるのかな？　台北中心部から、ここまでのルート検索をしたら、74kmの道のりで、4時間6分って出た。アップダウンが激しいから大変だ。いえね、台湾一周を意味する「還島」っていうのが流行っているらしくて、サイクリング愛好者の人々が、こんな小さな漁村なのに訪れてくれるんですよ。

還島1号線から脇道を500メートル進んだ馬崗漁港にわたしはいます。「台湾最東村」と書かれた看板の手入れをするのが仕事です。わたしを見かけたら、声をかけてほしいな。なにせ小さな村なんで、話す人が限られていて、さみしいんですよ。

台湾／馬崗▼シャオファ［♂］7歳

▼

観光案内（ボランティア）

ファーロのよいところを案内しています。城塞の中で暮らしていますので、最後にお連れするのは、城塞の上の広場です。ここでときどきミニコンサートが開かれるんですけど、若い人たちの集まりだと、ものすごく盛り上がりますね。アジアの民族音楽ご紹介の会なんていうのは、勉強のお教室みたいでした。

ここから見える海は、フォルモーザ潟といって、自然保護区になっています。コウノトリが営巣することでも知られるように、多種多様な鳥たちが飛来する場所です。

あ、わたしは気が向いたときだけ案内を買って出ているので、心づけのご心配はいりませんよ。ほんのお気持ちで……。

ポルトガル／ファーロ▼ルシア［♀］3歳

ひたすらゴローンゴロン

お日様にあたって
体力増進。
健康でなきゃ、毒見役は務められないわ。

[ふだんの仕事]毒見役
香港／ランタオ島

なんだか無性にアンニュイな日があるんです。
そんな日は休み。
融通の利く仕事ですから。

[ふだんの仕事]カイロ
東京都／文京区

片思い、っていうのかしら、
心にそよ風が吹いている。

特にやることなんてないですね
寝るのが一番

職場で寝ています。住み込みですから。
休日だからといって、

[ふだんの仕事]観光案内所スタッフ
イタリア／リオマッジョーレ

見守り・警備系

散歩をしているだけ、ではありません。
考えて行動をしている猫たち。
見守りは、単純なようで大切なことだから、
いわば彼らは、地球防衛隊。

▼賽銭箱守り

　ここは、江戸時代に起源を持つ寺で、都心にありながら緑が多くて、落ち着ける場所です。猫のほかにタヌキやハクビシンもいるんですよ。毎日、朝7時と夕方5時にわたしたちの面倒を見に来てくださる方がいて、心から感謝しております。

　寄進っていうんですかねぇ、信心の深い方や悪い流れを変えたい人が、ガバッと、大きな金額を納めるそうですね。わたしが守っている賽銭箱には、小銭しか入っていませんが、気持ちのこもったお金だと思うので、大切に守りたいんですよ。この上にいると、なんだか、ツボを押されているみたいで、気持ちいいですしね。

日本／東京都文京区▼クリィム［♀］12歳

浄　財

▼魚の配達員

ペナン島は、近年すごく地価が上がって、再開発が進められ、ショッピングモールや大型団地ができたりしていて、ぼくたちの暮らすカンポン（マレーシアの集落）にも、地上げの話が来ているよ。時代の流れには抗えないから、できるだけ好条件で話をつけると村長が息巻いていたけど、こののどかなカンポンが消滅するのは、悲しいな。

漁師さんが、売り物にならない魚を、砂浜に残しておいてくれるんだ。それをぼくたちは家族に持って行ったり、頼まれれば配達もしているよ。残った魚がゴミにならないように、満潮の波がさらっていける場所に、漁師さんは魚を置いているんだ。

マレーシア／ペナン島▼ピカ［♂］1歳

▼
門番

チュニスからTGM（電車）に乗って、カルタゴを過ぎるとシディ・ブ・サイドに到着します。チュニス湾が見下ろせる高台に、深い海の色に負けない青色のドアや窓枠が白壁に映えて、それは美しい町です。アンドレ・ジッドがこの町に心酔したというエピソードは、心の支えです。ノーベル文学賞作家となる礎がこの町にあるというんだから、うれしいじゃないか。

門番として青いドアがいっそうきれいに見えるように立ち位置を考えているんだ。猫が似合う町だから多くの猫がいてね、門番の仕事も競争率が高いの。それこそ「狭き門」さ。だから、矜持を持って仕事をしないとね。

チュニジア／シディ・ブ・サイド▼ジゴロ［♂］6歳

▼放水路見守り

　ここは、マデイラ島でもっとも栄えるフンシャルの旧市街。わたしたちのいるところは短い橋の上で、下に放水路のような小川が流れています。犬が入ってこないから、お母さん猫は子猫たちを小川で遊ばせているのですが、いきなり水が流れてくることがあるので、早めに教えるのがわたしたちの役目です。
　目の前に、でっかいおじさん猫がやってきて、監督みたいな顔をするのはやめてほしい。わたしたちは自主的に、ボランティアでこの活動を続けているのだから。あ、よく聞かれるのです、背景の赤い色は何？　って。フレンチレストランの壁で、わたしたちの白黒柄を引き立ててくれるんですよ。

ポルトガル／マデイラ島▼ゾロ&オテーロ［♀♀］2歳

▼防人（夜勤明け）

コルシカ島北部にあるバスティアは、イタリアやフランスの港と結ばれていて、大型フェリーやときにはクルーズ船も寄港します。わたしたち防人は、もともとのら猫でしたが、海岸にあるシーフードレストランの主人が、口を利いてくれて仕事にありつけました。

この職場の気に入っている点は、波消しの素材が、コンクリートではなくコルシカの天然の岩だというところ。防人として6匹の猫が常駐しているのですが、自分たちでシフトを決めて、無理のないようにやっています。食事は、シーフードレストランでいただけるので、こんな割のいい仕事はありません。

フランス／コルシカ島▼ティグル［♂］9歳

▼

城壁管理者

　ここアルゲーロ旧市街は、城壁に囲まれた街です。旧市街の中には、飼い猫も地域猫も、さまざまな立場の猫たちが暮らしています。中世の時代には門番の詰所だった場所で暮らすわたしたちに、毎朝、ご飯をくれる人がいます。
　近所にいる意気地なしの犬が、ときどき、わたしたちを襲いに来るんです。あの犬にはあの犬なりのストレスがあるのでしょう。吠えながら走って来るので、早めに気がつくことができ余裕で逃げられます。そんな様子を見かねた人が「ＬＩＢＥＲＡ（自由）」という旗を掲げてくれました。件の犬には、理解できないと思いますが……。

イタリア／サルデーニャ島▼ルナ［♀］10歳

LIBERA

▼ボディーガード

わたしの大好きなお姉さんを、ナポレオンっていう名前の大きな犬が狙っているのよ。そりゃあ、きれいなお姉さんだから惚れるのもわかる。でも、まるで自分の彼女みたいな態度を取ることは看過できないわ。まったく、犬のくせに、何を考えているのでしょう。デレデレしちゃって。ナポレオンは、近所のお年寄りからも気に留められていて、「よ、ナポレオン、元気かい?」って声をかけられているのに、おじいさんだと下を向いたまま無視するのよね。女性から声をかけられても、60歳以上なら聞こえないふりをする。どれほど根性悪なんでしょう。あ、ナポレオンがやって来た。追い返してやる!

フランス/コルシカ島▼ジョゼフィーヌ[♀]6歳

▼宝石店見習い警備員

城壁で囲まれたブドヴァ旧市街には、飼い猫も地域猫も暮らしています。わたしはのら猫で、お母さんといっしょにいましたが、お母さんが宝石店の店先にわたしを置いて出奔してしまったの。かわいそうに、って奥さんが赤い首輪をつけてくれました。いまはゆるゆるなんだけど、すぐに大きくなるからって。

店にいればいいのよって言ってくれる。お店の鏡のあるところへは、まだ上れないから、外に出て水鏡で赤い首輪を確認するの。うれしくて。首輪がゆるゆるでなくなる頃には、店先できれいな招き猫兼警備員になって、それから、奥さんにいっぱいお返しをしたいと思っています。

モンテネグロ／ブドヴァ▼ツェイツァ［♀］3カ月

▼遠山の金さん（北町奉行）

ブルガリアの人も勧善懲悪ものが好きだからね。「遠山の金さん」という映画を見て、心底びっくりしました。お江戸という町は、着ている服装も髪の形も建物も、全く異なるのですね。なのに、登場した人たちは、この国の言葉を話していました。どうしてブルガリア語が話せるのか不思議でした。

遠山の金さんがテレビで流れて以来、わたしの名前は、キンサンになりました。右腕を出しているところが金さんそっくりだって。桜吹雪はついていないけれど、おかげで名前がもらえてうれしいです。近所に桜はないので、アーモンドの花の前で写真を撮って、金さんに伝えてほしいです。ありがとう、って。

ブルガリア／ソフィア▼キンサン［♂］3歳

マリーナ監視員

クロアチア／リエカ▼プラダ［♀］7歳

プレジャーボートのマリーナで、監視員をしています。釣りに出る船もあって、魚の匂いがするからか、ネズミが住み着いているんです。この前なんか、ネズミが船の中にいたらしくって、知らずに船に乗り込んだ女性が、「ぎゃあああああ〜」って、ものすごい叫び声をあげながら海に落ちてしまうという悲劇が起こりました。

　命に別状がなかったからよかったものの、心臓発作を起こしかねないから、本当にネズミは危ない。わたしがね、目を光らせているから大丈夫ですよ。時々「ご苦労さま」って高級猫フードの差し入れがあるから、やり甲斐のある仕事です。

▼縄張り見張り役

自宅の警備員をしています。わたしの家は広いので、ほぼ一日中巡回をしています。チェンマイの山に近い田舎で、家に塀とか柵なんかないから、近所の猫が勝手に入ってきちゃうんです。ショートカットっていうの？　わたしの許可も取らないで、通り道にしているから、こちらとしては面白くないわけです。
だから、わたしのニオイをマーキングして、ここを通るには本来なら、断りを入れないといけないってことを教えているのよ。猫って、いいでしょ。張り紙なんてする必要ないんだから。あ、マーキングをするのは、オスだけって思っているかもしれないけど、メスだって立派にできますのよ。

タイ／チェンマイ▼レディ［♀］1歳

▼漬物職人

からし菜を漬け込む季節がやってきました。天日で干すのは、柔らかくする、栄養分を蓄える、漬かりやすくするなどの意味があるんだ。おばあちゃんといっしょに、毎年、線路脇に干しています。わたしは天気予報を見て、からし菜の収穫の日の参考にするんだけど、おばあちゃんは流石だね、空を仰いで、決めるんだ。

ここで、からし菜の番をしているのは、おしっこをかけちゃう猫がいるから。もう、たまんないよ。そういうことをするから、猫の立場が悪くなるんだ。からし菜は大事な食べ物だよ。春節の頃に作るこの漬物は、福が宿る縁起物なんだよ。

台湾／十分▼シャウミ［♂］4歳

▼美術館職員

ミラーノ中心部にあるセンピオーネ公園が職場です。住み込みで働いていています。主にスフォルツェスコ城の周りの警備が担当で、休み時間もたっぷりあるので、この仕事は気に入っているのです。公園内は、広くて緑が豊かですし、美術館の換気システムによって中の空気が噴き出してくる場所もあり、冬でも暖かく過ごしています。夏の暑いときは、秘密の風の通り道もありますしね。一年中快適です。

休み時間には、鳩なんかを狙って遊んでいます。つい最近、求愛行動に夢中で警戒がおろそかになっている鳩を捕まえてしまいましてね、こっぴどく叱られました。とほほです。

イタリア／ミラーノ▼ガルガネッラ［♂］8歳

▼おばあちゃんの店の見守り

うちは、とても小さな八百屋をしています。裏庭で採れた、マンゴーやバナナ、ピーマン、キュウリなどをほんの少量、置いています。配給所で入手できなかったり、ふいに果物が食べたくなったときなんかに、利用してもらっています。近所の人からの野菜の委託販売なんかもしていたのですが、おばあちゃんがもう、お金の計算は面倒だって、委託販売はやめました。

店の面積なんて、ほとんどなくて、小さなテーブルに載るだけの小商いだけど、ドアの前で、ぼくがお客さんを招いているのが、店を開けている合図だよ。話し好きなおばあちゃんが一人で店番をしているから、話し相手になってあげてね。

キューバ／トリニダー▼ミュゼ［♂］1歳

▼レストラン・ガードマン（猫組合・主事）

マルサシュロックは、マルタの東部にある漁港の町です。湾にはカラフルなルッツ（伝統的な漁船）が並び、異国情緒たっぷりに見えることでしょう。魚料理のレストランが軒を連ねていて、観光客のみならずマルタの人からも人気があります。

この通りを縄張りとする猫だけで作った組合があって、わたしは主事をしています。組合員以外が、レストランに入ってこないよう、見張っているのです。猫がレストランでお客さんに食べ物をねだるなんてもってのほか。マルタの猫としてのプライドはないの？　と問いたい。

賄い飯を出してもらえる、休憩時間が楽しみです。キリッ。

マルタ／マルサシュロック▼ジージャ［♀］6歳

▼私設関所役人

家の前に関所を設けています。一日中ってわけではなく、観光客の多い週末と自転車が通る出勤帰宅時間を避けて、石畳に寝そべっています。通行手形の確認をしているのではありません。「まぁ、すてきな猫ちゃん」と言ってほしいだけです。

こんな関所ですけど、人々の役に立っているのではないかと思っていますよ。人は歩いていると、昔あった嫌な記憶を不意に思い出したりして、そのことで頭の中がいっぱいになってしまうことがあるんですって？　猫には、わからない一面だな。そんなときにこの関所を通過すれば、あっという間にリフレッシュできるのではないですか。

デンマーク／ドラウェア▼チョビホックス［♂］7歳

▼ブティック見守り補助員

ロドス旧市街の一等地にあるブティック・ミカでは、とてもセンスのよい洋服や、バッグ、アクセサリーなどを取り揃えています。店主のミカさんの人柄を見込んで、手作りの作品を持ち込むアーティストも大勢います。

ミカさんの人柄を見込んでいるのは、猫たちもしかり。だって、お店に入って、好きなところに乗ったりしても、叱られないんだもの。だから、わたしたちは、給湯室でおしゃべりしたり、ソファで休んだり、ときには鏡越しにお客さんの行動をチェックして、アドバイスできる瞬間を待ったりしているの。猫はいつも10匹くらいお店で遊んでいるから、覗いてみてね。

ギリシャ／ロドス島▼ヴィーナス［♀］9歳

▼お出迎え係

うちのお兄さんは、不動産屋勤めをしています。週末もお仕事なので、友人たちと遊びに出かけることができないと、この前話していました。わたしたちは、もともとのら猫だったのですが、お兄さんが軒先と階段下に部屋を貸してくれました。不動産屋だから、その辺はお手のものなのね。

わたしたちには賃料が払えないでしょう。それで、「おかえりなさい」の挨拶だけでも受け取ってもらおうと帰りを待ちかまえ、ゴッツンコするようにしたのです。おかげさまで、今日も元気に過ごしています、って。最近やっとお兄さんも、「おでことおでこでゴッツンコ」が、上手にできるようになりました。

フランス／コルシカ島▼ブーベ［♀］4歳

▼運河の往来観察スタッフ

シンゲル運河を眺めながら、平日は、家の窓から往来の観察をしています。
週末のお天気のよい日には、うちの人がコーヒーを飲みながら、エントランスで読書をしたりするでしょ。そのときに外へ出してもらえるのです。「なにこの大きな猫～!?」っていうのが、わたしを見たときのおおかたの反応で、居合わせた初対面の人同士でも会話が弾みます。10kgの大きさですが、決して太っているわけではありません。この前なんか、2kgくらいのチワワが、わたしと目が合った途端に、震えが止まらなくなってしまって。あれは気の毒に思いました。

オランダ/アムステルダム▼ユープ[♂]4歳

▼緑のおばさん

この島は、消防車や救急車などの緊急車両とゴミ収集車以外は、エンジンのついた車が走っていないので、緑のおばさんって名乗るのもおこがましいのですが、この門の上に立って、日々みなさんの往来に事故がないようにと願っています。
先代の町内会長さんが商業地と住宅地の間に門を造り、「出入平安」と掲げました。住民みんなが仲よくて、観光客のマナーもよくて、本当に住みやすいところです。顔の柄からか、わたしは性格がキツイってよく言われるのですが、そんなことはありません。高いところからではありますが、いつもみなさんのご無事を祈っていますよ。

香港／長洲島▼シャオメイ［♀］5歳

安平入

▼保育士

城壁で囲まれた旧市街でアパート経営をしているマリアさんが、海岸に猫専用アパートを作って、私たちの面倒を見てくれています。彼女の家にもたくさんの猫がいるので、大変だなぁと感心するとともに、とても感謝しています。

猫を見れば嫌とは言えない彼女は、迷子の子猫を託されると引き受けてしまう。そして、この場に連れてこられた子猫の面倒を見るのは、わたしの仕事です。強面の猫もいるから、子猫をまず安心させてから、仲間だよと教えてやるのです。目を細め、体を小さく見せるため、姿勢を低くしてやると、子猫も挨拶がしやすくなるのですよ。

イタリア／サルデーニャ島▼ルチア［♂］8歳

あとがき

猫たちは、賢く進化を続けている

『猫のハローワーク』が発売されてから2年6ヵ月がすぎ、その続編となる『猫のハローワーク2』を刊行することができました。文庫というと、単行本を小型化したものというイメージがあると思いますが、これら2冊は、親本のない文庫オリジナル版です。コンパクトなサイズながら、写真が見やすく猫の表情がよくわかるところが気に入っています。

『猫のハローワーク2』では、1冊目で人気のあった猫お三方が登場します。「風紀委員」のトムと「家業手伝い(跡取り息子)」のピット、それに「海岸警ら」のマイケルです。それぞれ時をへて、定年退職したり、結婚したり、転職したりしています。

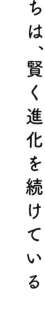

また、「休日の過ごし方」でも、1冊目でインタビューした方々が再登場してくださいました。みなさん、工夫して休日を有意義に過ごしているので、わたしも見習わなければと思いました。
　猫とともに暮らし、多くの猫と接した経験から思うのは、「猫は進化し、賢くなっている」ということ。多様化する人の暮らしに順応しながら、学習を重ね、研鑽を積んでいるのでしょう。優れた嗅覚や記憶力に驚くこともしばしばですし、これだけは譲れないという強い意志をうちに秘める猫には感銘さえ覚えます。このオリジナル文庫が、猫たちの能力を発掘する一助になれば、幸甚です。

２０２０年12月12日

新美敬子

本書は、講談社文庫のための書下ろし作品です。

本文デザイン＝上田宏志［ゼブラ］
ＳＴＩＬＬ
編集協力＝松崎久子

|著者| 新美敬子　1962年愛知県生まれ。犬猫写真家。1988年よりテレビ番組制作の仕事につき、写真と映像を学ぶ。世界を旅して出会った猫や犬と人々との関係を、写真とエッセイで発表し続け、30年あまり。代表作として『旅猫』（講談社）をはじめ、『わたしが撮りたい〝猫となり〟』（主婦の友社）、『ありがとう　猫が贈ることば』（辰巳出版）など、著作多数。『猫のハローワーク』（講談社文庫）が好評を博している。

猫《ねこ》のハローワーク２

新美敬子《にいみけいこ》

講談社文庫

定価はカバーに表示してあります

2021年１月15日第１刷発行

発行者――渡瀬昌彦
発行所――株式会社　講談社
東京都文京区音羽2-12-21　〒112-8001
電話　出版（03）5395-3510
　　　販売（03）5395-5817
　　　業務（03）5395-3615

Printed in Japan

デザイン―菊地信義
本文データ制作―講談社デジタル製作
印刷―――豊国印刷株式会社
製本―――株式会社国宝社

ISBN978-4-06-522139-6

講談社文庫刊行の辞

二十一世紀の到来を目睫に望みながら、われわれはいま、人類史上かつて例を見ない巨大な転換期をむかえようとしている。

世界も、日本も、激動の予兆に対する期待とおののきを内に蔵して、未知の時代に歩み入ろうとしている。このときにあたり、創業の人野間清治の「ナショナル・エデュケイター」への志を現代に甦らせようと意図して、われわれはここに古今の文芸作品はいうまでもなく、ひろく人文・社会・自然の諸科学から東西の名著を網羅する、新しい綜合文庫の発刊を決意した。

激動の転換期はまた断絶の時代である。われわれは戦後二十五年間の出版文化のありかたへの深い反省をこめて、この断絶の時代にあえて人間的な持続を求めようとする。いたずらに浮薄な商業主義のあだ花を追い求めることなく、長期にわたって良書に生命をあたえようとつとめるところにしか、今後の出版文化の真の繁栄はあり得ないと信じるからである。

同時にわれわれはこの綜合文庫の刊行を通じて、人文・社会・自然の諸科学が、結局人間の学にほかならないことを立証しようと願っている。かつて知識とは、「汝自身を知る」ことにつきていた。現代社会の瑣末な情報の氾濫のなかから、力強い知識の源泉を掘り起し、技術文明のただなかに、生きた人間の姿を復活させること。それこそわれわれの切なる希求である。

われわれは権威に盲従せず、俗流に媚びることなく、渾然一体となって日本の「草の根」をかたちづくる若く新しい世代の人々に、心をこめてこの新しい綜合文庫をおくり届けたい。それは知識の泉であるとともに感受性のふるさとであり、もっとも有機的に組織され、社会に開かれた万人のための大学をめざしている。大方の支援と協力を衷心より切望してやまない。

一九七一年七月

野間省一

講談社文庫 最新刊

千野隆司
追跡
父の死は事故か、殺しか。夢破れた若者の心は、復讐に燃え上がる。涙の傑作時代小説！

新美敬子
猫のハローワーク2
世界で働く猫たちが仕事内容を語ってくれる。写真満載のシリーズ第2弾。〈文庫書下ろし〉

田牧大和
大福三つ巴
〈宝来堂うまいもん番付〉
江戸のうまいもんガイド、番付を摺《す》る板元が「大福番付」を出すことに。さて、どう作る？

輪渡颯介
別れの霊祠
〈溝猫長屋　祠之怪〉
あのお紺に縁談が？　幽霊が〝わかる〟忠次らは婿候補を調べに行くが。シリーズ完結巻！

久賀理世
奇譚蒐集家　小泉八雲
〈白衣の女〉
のちに日本に渡り『怪談』を著す、若き日の小泉八雲が大英帝国で出遭う怪異と謎。

吉川永青
雷雲の龍
〈会津に吼える〉
幕末の剣豪・森要蔵《もりようぞう》。なぜ時代の趨勢《すうせい》に抗い白河城奪還のため新政府軍と戦ったのか？

創刊50周年新装版

折原　一
倒錯のロンド
〈完成版〉
推理小説新人賞の応募作が盗まれた。盗作者との息詰まる攻防を描く倒錯のミステリー！

法月綸太郎
誰《たそ》彼《がれ》
〈新装版〉
脅迫状。密室から消えた教祖。首なし死体。驚愕の真相に向け、数々の推理が乱れ飛ぶ！

原田宗典
スメル男
〈新装版〉
都内全域を巻き込む異臭騒ぎ。ぼくの体から強烈な臭いが放たれ……名作が新装版に！

坪内祐三
慶応三年生まれ　七人の旋毛《つむじ》曲り
漱石・外骨・熊楠・露伴・子規・紅葉・緑雨とその時代
解説=森山裕之　年譜=佐久間文子

幕末動乱期、同じ年に生を享けた漱石、外骨、熊楠、露伴、子規、紅葉、緑雨。膨大な文献を読み込み、咀嚼し、明治前期文人群像を自在な筆致で綴った傑作評論。

978-4-06-522275-1
つL1

十返　肇
「文壇」の崩壊
坪内祐三編
解説=坪内祐三　年譜=編集部

昭和という激動の時代の文学の現場に、生き証人として立ち会い続けた希有なる評論家、十返肇——。今なお先駆的かつ本質的な、知られざる豊饒の文芸批評群。

978-4-06-290307-3
とJ1

講談社文庫　目録

夏原エキジ　Cocoon〈修羅の目覚め〉
夏原エキジ　Cocoon2〈蠱惑の焰〉
西村京太郎　七人の証人
西村京太郎　華麗なる誘拐
西村京太郎　寝台特急「日本海」《メモリー・トレイン》殺人事件
西村京太郎　十津川警部　帰郷・会津若松
西村京太郎　特急「あずさ」《アリバイ・トレイン》殺人事件
西村京太郎　十津川警部の怒り
西村京太郎　宗谷本線殺人事件
西村京太郎　奥能登に吹く殺意の風
西村京太郎　特急「北斗1号」《スーサイド・トレイン》殺人事件
西村京太郎　十津川警部　湖北の幻想
西村京太郎　九州特急「ソニックにちりん」殺人事件
西村京太郎　東京・松島殺人ルート
西村京太郎　新装版　殺しの双曲線
西村京太郎　愛の伝説・釧路湿原
西村京太郎　山形新幹線「つばさ」殺人事件
西村京太郎　新装版　名探偵に乾杯
西村京太郎　十津川警部　君は、あのSLを見たか

西村京太郎　南伊豆殺人事件
西村京太郎　十津川警部　青い国から来た殺人者
西村京太郎　十津川警部　箱根バイパスの罠
西村京太郎　新装版　天使の傷痕
西村京太郎　新装版　D機関情報
西村京太郎　十津川警部　猫と死体はタンゴ鉄道に乗って
西村京太郎　韓国新幹線を追え
西村京太郎　北リアス線の天使
西村京太郎　十津川警部　長野新幹線の奇妙な犯罪
西村京太郎　上野駅殺人事件
西村京太郎　京都駅殺人事件
西村京太郎　沖縄から愛をこめて
西村京太郎　十津川警部「幻覚」
西村京太郎　函館駅殺人事件
西村京太郎　内房線の猫たち〈異説里見八犬伝〉
西村京太郎　東京駅殺人事件
西村京太郎　長崎駅《ナガサキ・レディ》殺人事件
西村京太郎　十津川警部　愛と絶望の台湾新幹線
西村京太郎　西鹿児島駅殺人事件

西村京太郎　札幌駅殺人事件
西村京太郎　十津川警部　山手線の恋人
仁木悦子　猫は知っていた
新田次郎　新装版　聖職の碑《いしぶみ》
日本文芸家協会編　愛染夢灯籠〈時代小説傑作選〉
日本推理作家協会編　犯人たちの部屋〈ミステリー傑作選〉
日本推理作家協会編　隠された鍵〈ミステリー傑作選〉
日本推理作家協会編　Play《プレイ》　推理遊戯〈ミステリー傑作選〉
日本推理作家協会編　Doubt《ダウト》　きりのない疑惑〈ミステリー傑作選〉
日本推理作家協会編　Bluff《ブラフ》　騙し合いの夜〈ミステリー傑作選〉
日本推理作家協会編　Propose《プロポーズ》　告白は突然に〈ミステリー傑作選〉
日本推理作家協会編　Acrobatic《アクロバティック》　物語の曲芸師たち〈ミステリー傑作選〉
日本推理作家協会編　ベスト8ミステリーズ2015
日本推理作家協会編　ベスト6ミステリーズ2016
二階堂黎人　ラン迷宮〈二階堂蘭子探偵集〉
二階堂黎人　増加博士の事件簿
新美敬子　猫のハローワーク
西澤保彦　新装版　七回死んだ男
西澤保彦　人格転移の殺人

2020年12月15日現在